www.ingramcontent.com/pod-product-compliance
Lightning Source LLC
Chambersburg PA
CBHW022310240326
41458CB00164BA/815
9783486742893